U0386309

编委会名单

顾　　问：霍　炜　刘　平

主　　任：许振昌

副 主 任：金宏波　唐田成　王世华　郭　为　宋国华　曾希玲

委　　员：杜林森　刘延毓　孙　静　赵丽丽　刘华英　王明光

主　　编：金宏波

责任主编：杜林森

副 主 编：刘延毓　孙　静　赵丽丽

密码知识
科普读本

吉林省密码管理局　编

人民出版社

编写说明

　　党的十九大报告提出，"注重培养专业能力、专业精神，增强干部队伍适应新时代中国特色社会主义发展要求的能力"[①]。习近平总书记多次强调，"各级领导干部要加快知识更新、加强实践锻炼，使专业素养和工作能力跟上时代节拍，避免少知而迷、无知而乱，努力成为做好工作的行家里手"[②]。"仗怎么打兵就怎么练。"[③] 在当今世界，信息化、数字化、网络化、智能化深入发展，在推动经济社会跨越式发展的同时，也带来了新的安全风险挑战。本书秉持总体国家安全观这个治国理政重大原则，旨在践行网络强国战略，科普密码知识，帮助大家学习运用密码这个最有效、最可靠、最经济的技术手段，趋利避害、防范风险，促进国家治理体系和治理能力现代化，达成人民安全感更有保障的美好生活需要。

　　密码作为网络空间保障安全的基石，在身份识别、安全隔离、信息加密、完整性保护和抗抵赖等方面，发挥着不可替代的重要作用，是维护网络与信息安全的核心技术和基础支撑。

---

① 习近平:《决胜全面建成小康社会　夺取新时代中国特色社会主义伟大胜利——在中国共产党第十九次全国代表大会上的报告》，人民出版社 2017 年版，第 64 页。

② 习近平:《习近平谈治国理政》第二卷，外文出版社 2017 年版，第 45 页。

③ 习近平:《习近平谈治国理政》第二卷，外文出版社 2017 年版，第 417 页。

　　本书依据《商用密码管理条例》《商用密码知识与政策干部读本》，力求把国家密码管理政策讲清楚，把密码用来"干什么、怎么干、谁来干"说明白，推动整个社会用好密码这个重要利器，保障国家安全，推动经济发展，维护社会和公众利益。

　　本书所称密码，是指对不涉及国家秘密的信息进行加密保护或者安全认证所使用的密码技术和产品。

序　言

对于密码，很多人都会觉得它很神秘，都认为密码应用仅限于军事和外交，离我们日常生活很远。其实不然，密码早已相伴人类社会发展进入几乎所有的领域，特别是网络和信息系统。密码的作用越来越大，和每个人的生活息息相关。

互联网是把双刃剑，用得好，它就是阿里巴巴的宝库，里面有取之不尽的宝物；用不好，就是潘多拉魔盒，给人类带来无尽的伤害，小可杀人于无形，大可颠覆国家之政权。所以，网络安全是人类社会面临的共同挑战，而密码是网络实现安全互联互通的前提，人、机、物的可信互认、安全互通，都依赖于密码。建设网络强国战略，是党的十九大精神和习近平新时代中国特色社会主义思想的重要组成部分，密码是网络安全的核心技术和基础支撑，更是保护国家安全的重要战略性资源。没有密码安全，就没有网络安全；没有网络安全，就没有国家安全。

本书图文并茂、深入浅出、编排灵活、文字生动、通俗易懂，有利于激发广大读者的阅读兴趣，也有利于普及和推广密码知识，开展密码政策宣传和教育培训，推动密码技术在金融和重要领域、重点人群乃至全社会的理解和应用，是一本很好的密码知识科普读物。同时是我国金融和重要领域密码应用顺利推进的一项基础性工作，也是加强干部教育培训和人才队伍建设的一项重要内容。本书对于不同知识层面的读者，都值得一读。

2018 年 11 月

目　录

第一章

我国商用密码发展历程

1996 年 7 月，中共中央政治局常委会议专题研究我国商用密码发展问题，并作出了在我国大力发展商用密码和加强对商用密码管理的重大决策。商用密码从此成为专有名词，特指用于保护不涉及国家秘密信息的密码。

1999 年 10 月，国务院颁布《商用密码管理条例》，指导商用密码从无到有，迅速发展。2017 年 4 月，《密码法（草案征求意见稿）》面向社会公开征求意见，将党管密码的根本原则和党中央关于网络强国战略与密码创新发展的战略部署以法律形式固化。商用密码发展大事记如图 1–1 所示。

没有网络安全就没有国家安全。密码是网络安全的核心技术和基础支撑。商用密码是我国自主网络安全技术的典型代表。经过多年发展，祖冲之序列密码算法（ZUC）、SM2 公钥密码算法、SM3 密码杂凑算法、SM4 分组密码算法等我国自主知识产权的密码算法已经得到广泛应用。早在 2011 年，ZUC 算法就被采纳为 LTE 国际标准，用于实现新一代宽带无线移动通信系统的无线信道加密和完整性保护，截至 2017 年年底，已经有 SM2、SM3、SM4、SM9 等多个我国自主知识产权密码算法成为国际标准。我国自主密码算法名称中的 SM 为"商用"和"密码"两个词的拼音首字母组合。商用密码标准化及国际化进程如图 1–2 所示。

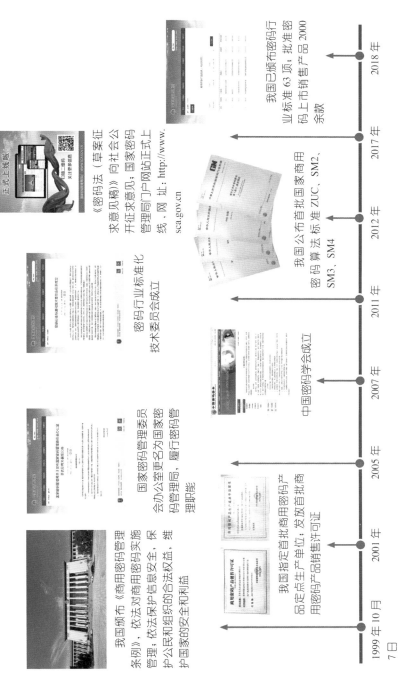

图 1-1　商用密码发展大事记

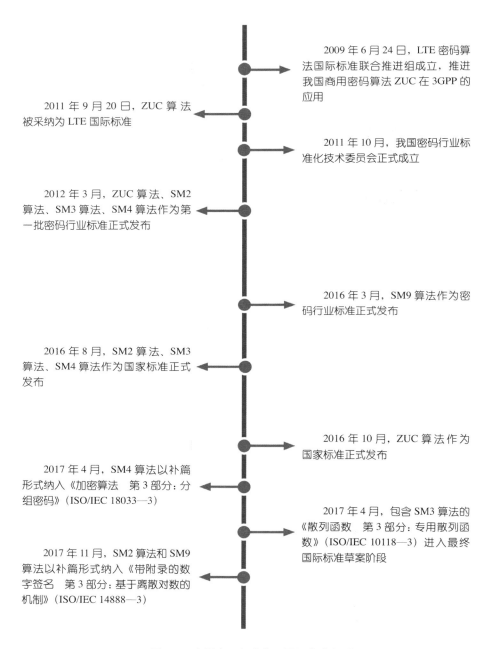

2009 年 6 月 24 日，LTE 密码算法国际标准联合推进组成立，推进我国商用密码算法 ZUC 在 3GPP 的应用

2011 年 9 月 20 日，ZUC 算法被采纳为 LTE 国际标准

2011 年 10 月，我国密码行业标准化技术委员会正式成立

2012 年 3 月，ZUC 算法、SM2 算法、SM3 算法、SM4 算法作为第一批密码行业标准正式发布

2016 年 3 月，SM9 算法作为密码行业标准正式发布

2016 年 8 月，SM2 算法、SM3 算法、SM4 算法作为国家标准正式发布

2016 年 10 月，ZUC 算法作为国家标准正式发布

2017 年 4 月，SM4 算法以补篇形式纳入《加密算法　第 3 部分：分组密码》（ISO/IEC 18033—3）

2017 年 4 月，包含 SM3 算法的《散列函数　第 3 部分：专用散列函数》（ISO/IEC 10118—3）进入最终国际标准草案阶段

2017 年 11 月，SM2 算法和 SM9 算法以补篇形式纳入《带附录的数字签名　第 3 部分：基于离散对数的机制》（ISO/IEC 14888—3）

图 1–2　商用密码标准化及国际化进程

第二章

密码是什么

　　"密码"①一词在当今社会中随处可见，但日常生活中常说的银行卡密码、开机密码、邮箱密码等，在密码领域，被称为"口令"（Password），只是进入个人银行账户、计算机、手机或电子邮箱的通行证，是一种简单、初级的身份认证手段，口令不等于密码。

　　严格地说，密码是指使用特定变换对数据等信息进行加密②保护或者安全认证③的物项和技术。密码的加密保护是指使用特定变换，将原来可读的信息变成不能识别的符号序列；安全认证是指使用特定变换确认信息是否被篡改、是否来自可靠信息源以及确认行为是否真实等。物项是指实现加密保护或安全认证功能的设备与系统；技术是指物项实现加密保护或安全认证功能的方法或手段。

---

① 密码：使用特定变换对数据等信息进行加密保护或者安全认证的物项和技术。
② 加密：对数据进行密码变换以产生密文的过程，即将"明文"变换为"密文"的过程。
③ 安全认证：应用密码算法和协议，确认信息、身份、行为等是否真实。

1. 网络安全与密码

　　当今社会，网络空间已经成为人类活动的"新大陆"（见图 2–1）。从网上购物、理财、娱乐，到网上择业、教育、医疗，人民群众的日常生产生活与网络不断深度融合，结合得日趋紧密。从政策发布、通知公告、征询民意，到网上报关、报税、行政审批，政务部门在网上开展了丰富的便民便企服务，网络深刻地影响改变着政府治理社会的方式方法和服务百姓的途径渠道。

图 2–1　网络空间成为人类活动的"新大陆"

　　在丰富的网络空间应用给人民群众生产生活和政府治理社会带来便捷的同时，信息安全与网络秩序问题也如影相随、纷至沓来。网上盗取商业秘密、窥探个人隐私、发布虚假信息、劫掠财富资源等各种违法犯罪活动逐利而往、新招迭出，可以说覆盖了当今社会网络活动的各个方面（见图 2-2）。

图 2-2　各种网络违法犯罪活动

在虚拟的网络空间，如何保障身份的真实性[①]、内容的机密性[②]和完整性[③]、行为的抗抵赖性[④]？如何有效破解伪造、泄露、篡改、假冒等难题？自然而然地成为我们必须面对并认真解决的现实问题。

常言道：人巧不如家什妙。在亦真亦假的虚拟网络空间里，识真辨假，保护信息安全，密码不仅具有独门绝技，而且对于这些看似难题的破解，可以说是游刃有余、得心应手。所以说，密码能够有效实现在网上虚拟空间的身份认证、授权管理和责任认定，在维护网络空间秩序、保护信息安全方面，发挥着不可替代的特殊作用（见图 2-3）。

---

① 真实性：是指保证信息来源可靠、没有被伪造和篡改的性质。

② 机密性：是指保证信息不被泄露给非授权的个人、计算机等实体的性质。

③ 完整性：是指数据没有受到非授权的篡改或破坏的性质。

④ 抗抵赖性：也称不可否认性，是指已经发生的操作行为无法否认的性质。

图 2–3　密码所能实现功能

2. 密码标准是什么

　　密码标准一般由各国或者国际组织颁布。这是因为密码的专业性强，保护对象重要，世界各国都是指定专业机构对密码进行测评评估，并以国家标准的形式颁布实施，目的就是要保证本国公民或者组织使用的密码具有足够的强度，有效抵御非法攻击（见图 2–4）。

　　例如：我国颁布的 SM4 分组密码算法[①] 的密钥长度为 128 比特，用穷举法破解（也就是挨个试），假设每秒尝试一亿个密钥，需要的破解时间大约为 1079 万亿亿年。

　　所以说，只有严格遵循密码标准，才能够保证密码应用的安全强度。同时，密码标准是动态的，随着计算速度等相关破译技术的进步，不断修订密

---

① 　SM4 分组密码算法：是一种对称密码算法，其将输入数据划分成固定长度的分组进行加解密，分组长度为 128 比特，密钥长度为 128 比特，简称 SM4 算法或 SM4。

码安全强度指标，保证广大用户使用最小成本，获得可靠的信息安全保护。

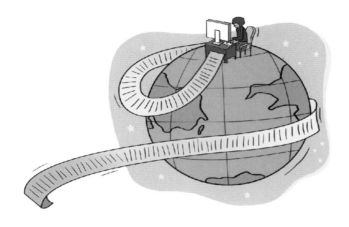

图 2-4　具有足够强度的密码有效抵御非法攻击

密码标准有国际标准、国家标准（见图 2-5）、行业标准（见图 2-6）等。根据我国信息安全保护政策，应使用密码对金融、能源、电信、交通、广播电视、城市水电气供给等关键信息基础设施进行保护，并且严格

图 2-5　密码国家标准

图 2–6 密码行业标准

遵守国家相关法律法规和密码标准规范，以保障人民群众生产生活安全，保障社会活动安稳有序。

3. 密码算法与密钥

密码算法是由密码专家基于数学理论设计的，并经过严谨的安全性测

图 2–7 密码算法与密钥

度、抗攻击性测试和可用性验证，使其具有良好的可用性和安全性。

密钥配合密码算法使用。密码算法一般是公开的，而密钥需要保护好。这就像锁头与钥匙的关系，锁头一般保护具体物项，钥匙保护好了，锁头保护的物项就能够得到安全保障（见图 2-7）。由于加密信息具有可回溯性，一旦密钥失控，所有使用该密钥加密的信息都将受到安全威胁。

重要事情先说第一遍：密钥从生成、使用直至销毁，必须进行全生命周期的保护，密码所保护的信息才是安全的！

密码算法与密钥

密码算法由专门设计的数学变换，以及变换过程中使用的参数组成。其中，主要参数是密钥。现代密码算法是可以公开的，只要保护好密钥的安全，就能够有效保护加密信息的安全。

加密过程是在密钥控制下，经过密码算法计算把明文变换为密文；解密过程是在密钥控制下，经过密码算法计算把密文还原为明文。

4.   SM4 分组密码算法

SM4 分组密码算法是一种对称密码算法[①]（见图 2-8）。它是把任意

———————————
① 对称密码算法：一般指加密和解密采用相同密钥的密码算法。

长度的明文①，分成固定长度的若干组，然后，在密钥的控制下逐组进行加密运算，生成密文。解密②过程是，将密文分成固定长度的若干组，然后，使用相同的密钥进行逐组解密运算，还原出明文。

图 2–8 SM4 分组密码算法示意图

使用 SM4 分组密码算法可以快速地对文字、图片、视频、音频等各种电子文档进行加密或者解密（见图 2–9）。加密后的电子信息可以用来进行安全传输，也可以进行密态存储。

一把钥匙一把锁，
这把钥匙锁（加密），
这把钥匙开（解密）。

① 明文：未加密的数据或解密还原后的数据。
② 解密：加密过程对应的逆过程，即将"密文"变换为"明文"的过程。

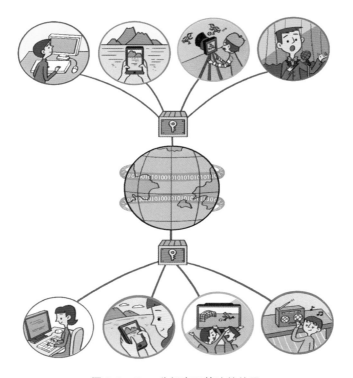

图 2-9　SM4 分组密码算法的使用

无论是信息传输，还是信息存储，都可以保护信息内容不会被泄露出去。

5. SM2 公钥密码算法

　　使用分组密码算法，需要双方预先持有相同的密钥。但是，在实际应用中，往往是双方在网上初次打交道，就需要建立加密通信。例如：递交报考材料、入学报名、申请办理证照等，所填报的信息包括了家庭住址、证件号码等个人隐私。这就需要实时在网上把密钥安全递送给对方，以便对商业秘密和个人隐私信息进行加密保护（见图 2-10）。

SM2 公钥密码算法

　　SM2公钥密码算法是一种非对称密码算法①，使用一对相互对应的密钥。其中，一个作为公钥，可以公开；另一个作为私钥，由持有者秘密保存。

　　用公钥加密的密文，只能够使用对应的私钥解密还原出明文。同样，用私钥加密的密文，只能够使用对应的公钥解密还原出明文。

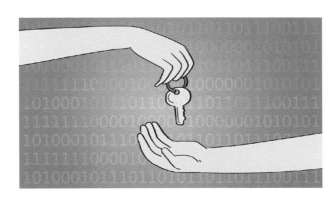

图 2-10　密钥的传递

　　使用SM2公钥密码算法②就如同使用一个拥有两把钥匙的箱子，这两

---

① 非对称密码算法：加密和解密使用不同密钥的密码算法。其中一个密钥（公钥）可以公开，另一个密钥（私钥）必须保密，且由公钥求解私钥是计算不可行的。

② SM2 公钥密码算法：是一种非对称密码算法，其密钥长度为 256 比特。简称 SM2 算法或 SM2。

两把钥匙一把锁，
公钥私钥配对用。
公钥加密私钥解，
私钥加密公钥解。

把钥匙是相互对应的，用其中一把钥匙锁上的箱子只能用另一把钥匙打开。即，用公钥锁上时只能被私钥打开（对应加密解密），用私钥锁上时只能被公钥打开（对应签名验签）。

我国使用了双证书机制，每个用户同时拥有签名证书和加密证书。签名证书及其对应的签名密钥对，用于签名和验签；加密证书及其对应的加密密钥对，用于加密和解密。其中，签名私钥和加密私钥由用户自己保管，签名公钥和加密公钥可以通过签名证书和加密证书公开。

加密和解密的过程就如同私人信箱的使用过程（见图2-11），个人持有能打开自己信箱的加密私钥，而其他人可以方便地获得能锁上信箱的加

图 2-11　SM2 加密解密原理

密公钥，加密公钥只能锁上信箱，但不能打开。例如：当张帅要给李丫发送秘密信件时，张帅不认识李丫也没有关系，他只要把信件用李丫的加密公钥锁入李丫的私人信箱里（相当于用公钥进行了加密），就可以把这封

给谁发私信，
用谁公钥加密。
只有他有私钥，
能够解密读信。

信件安全递送到李丫手上。因为，只有李丫手里的加密私钥才能够打开信箱（相当于用私钥解密），拿到这封信件。

这里我们用一个特制的盒子来比喻说明签名和验签的过程，能够锁上盒子的签名私钥由个人持有，能够打开盒子的签名公钥其他人可以方便获得（见图2-12）。例如：只要张帅使用李丫的签名公钥能够打开盒子（相当于用公钥进行验签），就能够判断信件的确来自李丫。因为只有李丫使

图 2-12　SM2 签名验签原理

用签名私钥锁上的盒子（相当于用私钥进行了签名），才能够被对应的公钥打开，也只有李丫才拥有她本人的签名私钥。

传递对称密钥

　　当张帅需要向李丫发送一封秘密信件时，张帅可以找一个我们日常生活中常见的密码箱，设置好开箱密码。张帅想要让李丫获得这个开箱密码，可以把这个开箱密码写在纸上，通过李丫的私人信箱传递给李丫（见图2–13）。这样，张帅和李丫就可以通过这个密码箱进行秘密通信（相当于用SM4算法加密）。因为，只有张帅和李丫知道密码箱的开箱密码（相当于对称密钥）。

　　同理，当多个人要建立共享秘密通信时，可以通过每个人的私人信

图 2–13　传递对称密钥

箱，把密码箱的开箱密码安全分发给多个人。那么，这些人就可以通过共用的密码箱，建立起他们之间的秘密通信了（见图 2–14）。

图 2–14　建立共享秘密通信

密码实际应用流程：

　　发方实时生成一组随机数，然后，使用收方的加密公钥通过 SM2 算法对这组随机数加密后，发送给收方；

　　收方用加密私钥解密后，获得这组随机数；

　　收发双方共同使用这组随机数作为密钥，通过 SM4 算法建立起加密通信。

身　份　鉴　别

　　部队哨兵常用事先约定的"口令"和"回令"识别身份。例如：哨兵遇见来人，先询问对方："口令"，对方答复："长江"，哨兵再回令："黄河"，双方确认"口令"和"回令"都是正确的，这就完成了彼此的身份鉴别。

　　网上身份鉴别过程采用了密码技术，更为严谨，也更为安全。网上身份鉴别分为单向身份鉴别和双向身份鉴别。图 2-15 对单向身份鉴别的原理进行了描述。

单向身份鉴别

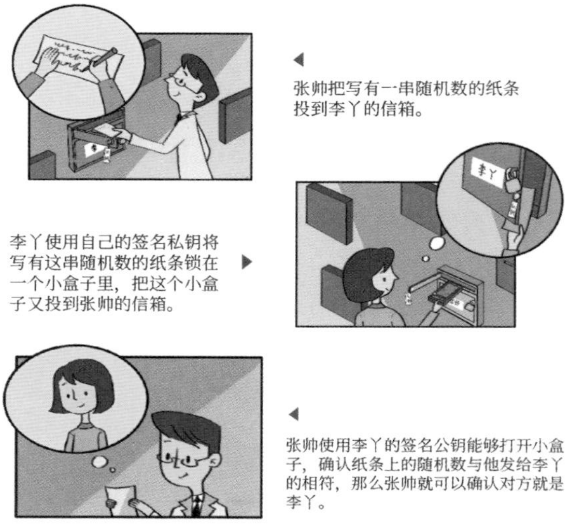

◀ 张帅把写有一串随机数的纸条投到李丫的信箱。

李丫使用自己的签名私钥将写有这串随机数的纸条锁在一个小盒子里，把这个小盒子又投到张帅的信箱。 ▶

◀ 张帅使用李丫的签名公钥能够打开小盒子，确认纸条上的随机数与他发给李丫的相符，那么张帅就可以确认对方就是李丫。

图 2-15　单向身份鉴别

密码实际应用流程：

发方实时生成一组随机数，发送给收方；

收方收到后，使用自己的签名私钥通过 SM2 算法对这个随机数进行加密运算，得到计算结果即数字签名，将数字签名发送给发方；

发方通过在第三方电子认证服务机构得到的收方公钥，对数字签名进行验证，检查包含在数字签名中的随机数与自己发送给收方的随机数是否相符，相符则表明收方通过身份鉴别。

双向身份鉴别

对于双向的身份鉴别，双方都需要产生随机数[①] 发送给对方，使用签名私钥对对方提供的随机数进行数字签名[②]，并使用签名公钥验证对方发送的数字签名的有效性。

身份鉴别过程使用了一个重要的保障机制，就是对信箱和密封盒子的管理（见图 2-16）。也就是说，管理者需要事先完成对张帅和李丫的身份审核，并把信箱和密封盒子分配给张帅和李丫，以保证持有私钥的确实是张帅和李丫本人。张帅和李丫保管好自己的私钥，将公钥通过管理者发送给想要与自己通信的人。

在实际应用中，这个保障机制就是电子认证服务（详见本章 9. 电子

---

① 随机数：一种数据序列，其产生不可预测，其序列没有周期性。

② 数字签名：签名者使用私钥对签名数据的摘要值做密码运算得到的结果，该结果只能用签名者的公钥进行验证，用于确认被签名数据的完整性、签名者的真实性和签名行为的不可否认性。

图 2-16   信箱管理机制

认证服务）。

重要事情说第二遍：私钥一般存放在体积较小的 UKey 中，必须精心妥善保管，防止丢失或被盗用。

6. SM3 密码杂凑算法

SM3 密码杂凑算法[①] 主要用于电子文档的完整性验证，也就是说，用来验证原始电子文档的内容是否被篡改。这相当于给一份完整的电子文档贴上一张"封条"，对这份电子文档的任何添增、删减、修改等行为都将被识别出来。

---

① SM3 密码杂凑算法：是一种将一个任意长的比特串映射到一个固定长的比特串的算法，具有抗碰撞性和单向性等性质，常用于数据完整性保护，其输出为 256 比特，简称 SM3 算法或 SM3。

SM3 密码杂凑算法

　　密码杂凑算法也叫哈希函数（HASH），SM3 密码杂凑算法可以将任意长度的电子文档，经过计算提取出固定长度（256 比特）的杂凑值。

　　对原始电子文档进行任何修改，都会使得再次计算的杂凑值与原杂凑值不一致。从而发现原始电子文档被篡改的行为。

SM3 密码杂凑算法具有如下特性：

不可变更性

对原始电子文档作任何微小的改动，都会使杂凑值面目全非。

唯一性

电子文档内容不同，经过 SM3 算法计算得到的杂凑值也是不同的（见图 2–17）。也就是说，每个电子文档的杂凑值都各不相同。

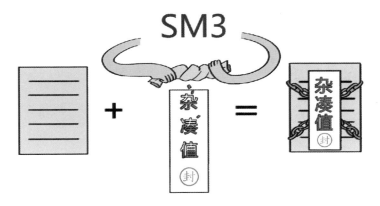

图 2–17　电子文档经过 SM3 压缩生成杂凑值

不可逆性

用杂凑值推算出原始电子文档是不可行的。

应用之一

完整性验证

原始电子文档生成后，用 SM3 算法计算出原始杂凑值妥善保存。以后，每次使用这份电子文档时，都先用 SM3 算法计算出电子文档的杂凑

图 2-18　SM3 甄别电子文档是否被篡改

文档杂凑值，
随着文档变。
验证杂凑值，
篡改能发现。

值，并与原始杂凑值进行比较，进而甄别出这份电子文档的内容是否被篡改过（见图 2–18）。

电子签名

电子签名受《电子签名法》保护，具有与笔迹签名同等的法律效力（见图 2–19）。企业网上投标、政府采购的标书标底、网签合同、公民填

图 2–19 电子签名与笔迹签名具有同等法律效力

私钥加密签名，

公钥解密验签。

私钥本人独有，

抵赖国法不容。

报个人信息等，往往要用到电子签名。

重要事情说第三遍：保管好私钥，保证不被盗用作电子签名，维护自身合法权益。

电子签名过程：

第一步，用 SM3 算法计算出电子文档的杂凑值；

第二步，签名方用签名私钥，通过 SM2 算法对杂凑值进行加密；

第三步，将加密后的杂凑值（即签名值）与电子文档合并保存。

电子签名验签过程：

第一步，对电子文档用 SM3 算法计算出杂凑值。

第二步，用电子签名方的公钥通过 SM2 算法，结合第一步产生的杂凑值对签名值进行验证。

第三步，验证通过，说明签名是真实有效的。

---

7. SM9 标识密码算法

SM9 标识密码算法[①] 是一种基于双线性对的标识密码算法，它可以把

---

① SM9 标识密码算法：是一种基于身份标识的公钥密码算法，简称 SM9 算法或 SM9。

用户的身份标识（手机号码、电子邮箱地址、QQ 号、员工编号等）用来生成用户的公、私钥对，用于数据加密、密钥交换、电子签名以及身份鉴别等。

在 SM9 算法的使用中，用户的公钥可以通过用户的身份标识直接运算生成，简化了用户身份认证流程，不再依赖于证书和证书管理系统，从而简化了密码管理系统的复杂性（见图 2-20）。

例如：使用电子邮箱地址生成公钥，发件人就可以方便地给任何人发送加密的电子邮件，而无须事先获得收件人的数字证书，收件人甚至可以在需要解密邮件时才通过邮箱地址及其他参数生成私钥。使用手机号生成公钥，就可以方便地对通过手机进行的各种通信（短信、语音、文件传输等）进行加密保护，或者对移动支付进行便利的安全保护。

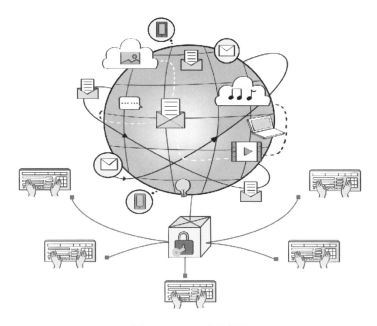

图 2-20　SM9 应用场景

8. 祖冲之密码算法

图 2-21　祖冲之密码算法应用场景

祖冲之密码算法①简称ZUC，属于序列密码算法②，主要用于第四代移动通信（4G 通信）的语音、图像、视频、数据等传输过程的实时加密保护，并可以对传输的内容进行完整性验证（见图 2-21）。已于 2011 年 9

---

① 祖冲之密码算法：是一种由我国学者自主设计的序列密码算法，简称 ZUC。
② 序列密码算法：将明文逐比特 / 字符运算的一种对称密码算法，也称"流密码"。

月被 3GPP LTE 采纳为国际加密标准（标准编号：TS35.221），成为国际上第四代移动通信的保密性和完整性密码算法标准。

序列密码，就是以比特为单位，一个比特一个比特地对信息进行加密（例如，序列为"010101"，则加密过程即对这一串比特序列的每一位加密）。这种加密方式具有两个优点：

一个是可以有效消除重复明文信息的关联度。例如：如果两个人在电话里讨论一件事项，与这件事项有关的词语可能会重复多次出现，采用序列密码加密后，窃听者察觉不出来其中多次出现的重复词语。

另一个是可以有效防止误码扩散。例如：信息在无线信道传输过程中一旦被干扰出现了误码，那么，在脱密还原明文时，仅仅是被干扰的那几个字受到影响，特别是语音通话过程，一般不影响语义的理解。

9. 电子认证服务

电子认证服务机构依据《电子签名法》设立，是专门从事电子认证服务的独立机构。也就是说，电子认证服务机构不得在其服务范围内存在相关利益关系，以保证电子认证服务业务的公正性、公平性和权威性。电子认证服务机构面向社会，专门提供密码公共服务。电子认证机构通过颁发数字证书，为用户提供可靠的网络身份证明，并保证证书持有者身份信息的真实性。电子认证服务相关政策法规见图 2-22。

采用密码技术为社会公众提供第三方电子认证服务的系统使用商用密码——《电子认证服务密码管理办法》

提供电子认证服务，应当依据本办法申请《电子认证服务使用密码许可证》——《电子认证服务密码管理办法》

电子政务电子认证基础设施基于密码技术，由实现数字证书签发、注册审核和查询服务等功能的软硬件产品和系统组成。认证服务活动应当依托国家密码管理局批准的电子政务电子认证基础设施开展——《电子政务电子认证服务管理办法》

图 2-22 电子认证服务相关政策法规

电子认证服务机构与数字证书

电子认证服务机构（以下简称CA）[①]，是依据《电子签名法》和《商用密码管理条例》设立的权威机构。它在审核用户的真实身份后，签发数字证书，并向社会提供用户数字证书查询、时间戳等服务。

数字证书是用户身份信息以及 SM2 公钥的载体。一般公钥由 CA 机构公开发布在网上，供用户查询；私钥则由数字证书持有者自己保存，用于个人（或组织）的信息解密或者电子签名（盖章）。

---

① 电子认证服务机构：是对数字证书进行全生命周期管理的实体，简称CA。

10. 标准时间与时间戳服务

　　标准时间服务一般由电子认证服务机构提供，国家授时中心为时间戳服务提供统一、可靠的时间来源。用户可以随时随地查询可信时间，也可以申请时间戳，使事件、行为动作等发生的时间记载受到法律保护。

时间戳

　　时间戳是电子认证机构基于标准时间源，提供的可信时间证明。

　　时间戳加盖过程：用户把电子文档的杂凑值提交给电子认证服务机构，电子认证服务机构对杂凑值注明年、月、日、时、分、秒等时间信息，并签名返还给用户（见图2-23）。

图2-23　时间戳应用场景

时间戳应用实例：招标公告声明的截止时间为某日的 10 点整，则在 9 点 59 分提交的投标文件被接受，在 10 点 01 分提交的投标文件被拒绝。那么，如何证明一份投标文件在何时被提交？申请可信时间服务并加盖时间戳，可以使投标文件的提交时间得到法律保护，为未来的责任认定提供有效的电子证据（见图 2-24）。

图 2-24 时间戳工作案例

文档与操作，

盖上时间戳。

事后可查证，

维权有实证。

第三章

密码能干什么

1. 密码保证信息的真实性
2. 密码保证信息的机密性
3. 密码保证数据的完整性
4. 密码保证行为的抗抵赖性

在虚拟的网络空间，传统的"面对面"被"键对键"取代后，如何甄别身份、机构及消息的真假；人们的"路上跑"被信息"网上跑"取代后，如何保护商业秘密和个人隐私的安全；墨迹留痕的签字盖章失灵失效后，如何防止假冒、伪造、抵赖等问题的发生。诸如这些难题的破解，密码恰好具有独门绝技，可以大显身手。

1.　密码保证信息的真实性

信息的真实性可以通过 SM2、SM9 等密码算法来保障，实现身份鉴别、设备认证和信息认证（分别见图 3–1、图 3–2、图 3–3）。其中，身份鉴别又分为人员鉴别和机构鉴别。与现实社会中"面对面"办事不同，在虚拟的网络空间，人们是"键对键"办事，身份鉴别就是要保证"键对键"办事双方的身份真实，防止发生假冒、伪造等非法现象。

图 3-1　身份鉴别

图 3-2　设备认证

图 3-3　信息认证

2. 密码保证信息的机密性

机密性可以应用 SM4、ZUC 等密码算法来实现，通过对企业商业机密、公民个人隐私等信息的加密保护，防止这些敏感信息被非法窃取利用。信息的保护包括加密传输（见图 3-4）、加密存储（见图 3-5）、授权使用等。

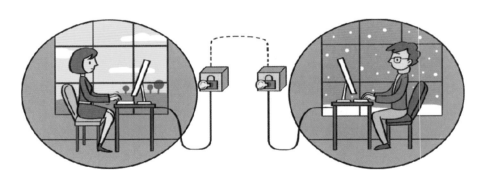

图 3-4 加密传输

图 3-5 加密存储

3. 密码保证数据的完整性

完整性可以通过应用 SM2、SM3 等密码算法，验证数据、图片、音频、视频等原始电子文档是否被非法添增、删减、修改，有效防止伪造、篡改。也就是说，篡改网签电子合同、PS 图像照片、删减视频图像等非法行为，通过密码技术的完整性验证，都能够鉴别出来（见图 3-6）。

图 3-6　完整性校验

4. 密码保证行为的抗抵赖性

抗抵赖性可以通过 SM2、SM3 以及时间戳等密码算法和技术，验证网签合同、网络提交材料等电子文档的电子签名以及时间戳等，防止否认电子签名行为以及电子签名行为发生的时间等事实。法庭以及行政问责部门依据《电子签名法》，支持密码验证的结论（见图3–7）。

图3–7   责任认定

从历史上看，法定证据的价值或证据的可接受形式是与社会的技术可行性紧密联系在一起的。在中世纪欧洲，人们也知道书面签名更具有证据意义，但是在当时因为普及程度以及成本昂贵而十分罕见，那时证据的主要方式是证言和宣誓。从16世纪起逐渐发生了变化，具有签名的书面文件作为证据越来越受到重视，而证言证词的价值则逐渐降低。在信息化社

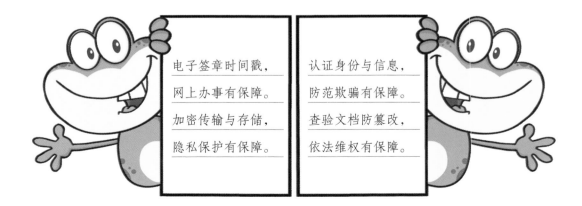

电子签章时间戳，
网上办事有保障。
加密传输与存储，
隐私保护有保障。

认证身份与信息，
防范欺骗有保障。
查验文档防篡改，
依法维权有保障。

会日趋普及"无纸化"的今天，密码技术自然而然地融入了法治社会发展历程，支持电子文档是否被假冒、被伪造、被篡改的甄别，以及电子签名等可信证据的采用。

第四章

密码怎么用

2015 年，国家相关文件明确提出，要大力推进商用密码[①] 技术在金融领域以及基础信息网络、重要信息系统、重要工业控制系统、面向社会服务的政务信息系统中的全面应用。这些领域网络与信息系统的安全，关系着国家安全、社会秩序、公共利益以及公民、法人和组织的合法权益。

1. 基础信息网络密码应用

电信网、广播电视网、互联网、卫星定位等基础信息网络，是信息化社会发展与百姓日常生活活动的基础支撑（见图 4-1）。基础信息网络密码应用场景举例如表 4-1 所示。

---

① 商用密码：是指对不涉及国家秘密的信息进行加密保护或者安全认证所使用的密码。

图 4–1　基础信息网络

表 4–1　基础信息网络密码应用场景举例

分类	密码应用	密码算法
条件接收	1. 保护广播、电视等广播内容不被非法接收； 2. 保护网络资源不被假冒、盗用	SM2、SM4
安全认证	1. 保护中继基站、主机设备等网络资源不被非法假冒； 2. 保护设备资源只有经过授权人员操作使用	SM2、SM3
信息加密	保护网络传输、设备存储的信息不被泄露	ZUC、SM4
信道加密	建立安全信道，保护传输信息不被泄露，保护不遭受电磁信息叠加破坏	SM2、SM4
区域门禁	保护节目播放、信号发射、控制枢纽等核心区域	SM2

2.　重要信息系统密码应用

金融、能源、教育、公安、社保、交通、人口、健康医疗等涉及国计民生和基础信息资源的重要信息系统，维护着社会日常生产、生活秩序，是保障社会公共服务安全有序的基础支撑（见图4-2）。重要信息系统密码应用场景举例如表4-2所示。

图 4-2　重要信息系统

表 4-2　重要信息系统密码应用场景举例

分类	密码应用	密码算法
安全认证	1. 人员鉴别，防止假冒当事人骗取非法利益； 2. 设备认证，防止假冒设备截获信息，从事非法活动； 3. 网站认证，防止发布虚假信息，从事非法活动	SM2、SM3
信息加密	1. 保护企业商用秘密； 2. 保护公民个人隐私不被泄露	SM2、SM4
完整性验证	1. 防止文档信息被增添、删减、篡改； 2. 防止伪造信息； 3. 防御延迟、重放、组合等非法攻击	SM2、SM3
授权管理	1. 防止内部人员越权违规操作； 2. 防止非授权人员非法获悉、盗取信息	SM2
电子签名	责任认定，防止否认、抵赖	SM2、SM3
时间戳	责任认定，证明操作时间	SM2

3.　　　　　　重要工业控制系统密码应用

石油煤炭、水力、电力、交通运输、城市设施等重要工业控制系统，发展到了网络化、信息化、智能化阶段，是社会生产生活、百姓安居乐业的基础保障（见图4-3）。重要工业控制系统密码应用场景举例如表4-3所示。

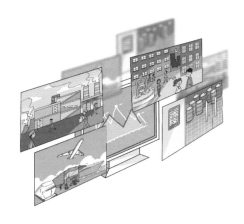

图4-3　重要工业控制系统

表4-3　重要工业控制系统密码应用场景举例

分类	密码应用	密码算法
安全认证	1.人员鉴别，防止假冒人员操作控制系统； 2.设备认证，防止非法设备骗取控制权； 3.信息认证，防止虚假信息	SM2、SM3
信息加密	保护调度指令等重要信息的传输安全	SM4
完整性验证	1.防止篡改调度控制、生产数据等； 2.防止伪造控制信息； 3.防止延迟、重放、组合等非法攻击	SM2、SM3

续表

分类	密码应用	密码算法
授权管理	1. 防止内部人员越权违规操作； 2. 防止非授权人员非法获悉、盗取信息	SM2
电子签名	责任认定，防止否认、抵赖	SM2、SM3
时间戳	责任认定，证明操作时间	SM2

4.　面向社会服务的政务信息系统密码应用

　　网上政务公开、行政审批、报税报关、考录办证等面向社会服务的政务信息系统，实现了政务服务由"面对面"向"键对键"的改变，在便民便企的同时，也伴随着安全风险，事关政府的形象与威信、公平与公正（见图4-4）。

图4-4　面向社会服务的政务信息系统

为此,《国务院办公厅关于印发政府网站发展指引的通知》(国办发
〔2017〕47号)要求：使用符合国家密码管理政策和标准的密码算法和产
品,逐步建立基于密码的网络信任、安全支撑和运行监管机制。

《财政部关于印发〈政务信息系统政府采购管理暂行办法〉的通知》
(财库〔2017〕210号)第八条规定:"采购需求应当落实国家密码管理有
关法律法规、政策和标准规范的要求,同步规划、同步建设、同步运行密
码保障系统并定期进行评估。"第十二条还规定了验收方案应当包括密码
应用和安全审查情况。

面向社会服务的政务信息系统密码应用场景举例如表4-4所示。

表4-4　面向社会服务的政务信息系统密码应用场景举例

分类	密码应用	密码算法
安全认证	1.身份鉴别,防止假冒当事人、机构骗取非法利益; 2.设备认证,防止非法设备盗取信息; 3.信息认证,防止虚假信息	SM2、SM9、SM3
信息加密	保护文档信息安全存储、传输	SM4
完整性验证	1.防止文档信息被非法增添、删减、篡改; 2.防止伪造信息; 3.防御延迟、重放、组合等非法攻击	SM2、SM3
授权管理	1.防止内部人员越权违规操作; 2.防止非授权人员非法获悉、盗取信息	SM2
电子签名	责任认定,防止否认、抵赖	SM2、SM3
时间戳	责任认定,证明操作时间	SM2

第五章

密码怎么管

1. 依法管理密码

1999 年 10 月 7 日，国务院颁布《商用密码管理条例》，对商用密码的科研、生产、销售、使用、进口、出口、检测等，依法实施管理。

图 5-1　商用密码行政许可资质

　　密码技术专业性强，密码保护对象重要，为此，密码应用系统的设计、开发、集成、使用以及运维外包等，应当依法选用国家密码管理机构批准使用的密码算法和设备，应当依法选择国家密码管理机构授予行政许可资质的单位或者企业承担（见图5-1）。

《商用密码管理条例》（摘选）

　　第五条　商用密码的科研任务由国家密码管理机构指定的单位承担。

　　第十三条　进口密码产品以及含有密码技术的设备或者出口商用密码产品，必须报经国家密码管理机构批准。任何单位或者个人不得销售境外的密码产品。

　　第十四条　任何单位或者个人只能使用经国家密码管理机构认可的商用密码产品，不得使用自行研制的或者境外生产的密码产品。

密码产品
密码应用集成

图5-2　市场监管

随着国家"放管服"改革的深入，密码管理部门完善事中事后监管，加强密码产品的标准规范和检测认证体系建设，严把密码产品市场准入关，强化市场监管，预防与纠正违法行为（见图5-2）。

2017年4月,《密码法（草案征求意见稿）》面向全社会公开征求意见。该法规定了密码应用的主要制度和要求：强调国家积极规范和促进密码应用；规定商用密码产品、服务行政许可制度；明确关键信息基础设施密码使用要求；建立密码应用安全性评估审查机制；国家密码管理部门对采用密码技术从事电子政务电子认证服务的机构进行认定。

2017年6月实施的《网络安全法》要求网络运营者履行维护网络数据完整性、保密性和可用性等安全保护义务，这些都需要发挥密码技术的核心支撑作用。

2. 商用密码应用安全性评估审查

依法开展商用密码应用安全性评估[①] 审查，才能有效维护网络和信息系统安全。网络运营者和主管部门必须按要求组织开展安全性评估。

商用密码应用安全性评估审查应在项目正式立项前完成。简单来讲，就是要弄清楚两个问题，做好一个应对安排。即：项目应用后，可能面临哪些安全风险？应用密码技术，可以防范哪些安全风险？作出一个防范安全风险的密码应对安排。

商用密码应用安全性评估审查是信息安全的客观要求，是提升

---

① 商用密码应用安全性评估：是指在采用商用密码技术、产品和服务集成建设的网络和信息系统中，对其密码应用的合规性、正确性和有效性等进行评估的活动。

图 5–3 商用密码应用安全性评估审查

风险管理水平，防御关口前移，牢牢把握风险控制主动权的"硬"措施（见图 5–3）。

密码应用系统投入使用后，应当定期进行商用密码安全性评估审查。评估审查考虑的因素：

相关攻防技术的新发展。

密码应用系统扩容、升级改造，以及业务调整、新业务加载等，给原系统带来了哪些新变化、新风险。

重新作出一个防范安全风险的密码应对安排。

3. 项目立项

应当对项目进行密码应用合规性审查（见图 5–4）。属于基础信息网络、重要信息系统、重要工业控制系统或者面向社会服务的电子政务信息

图 5-4　项目立项审查

系统等重要领域的，且不涉及国家秘密的，应当使用商用密码进行保护。

立项形式审查要点

1. 规划建设方案是否同步规划了密码应用。

2. 密码应用建设单位是否具有国家密码管理机构授予的商用密码相关许可资质，且资质有效。

3. 使用的是否是国家密码管理机构批准使用的密码产品（包括密码算法）。

4. 方案论证

应当依据《商用密码管理条例》，对项目的政策符合性和技术标准合

图 5-5　项目方案论证

规性进行论证（见图 5-5）。

方案论证形式审查要点

1. 规划建设方案是否按照要求规划了密码应用。

2. 是否按照要求进行了密码应用安全性评估，且通过评估。

3. 密码应用建设单位是否具有国家密码管理机构授予的商用密码相关许可资质，且资质有效。

4. 使用的是否是国家密码管理机构批准使用的密码产品（包括密码算法、产品型号等）。

5. 招标评标

应当依据《商用密码管理条例》，对《项目建设方案》、投标单位资

图 5-6　项目招标评标

质以及材料的齐备性、政策和技术的合规性进行审查评标（见图 5-6）。

项目评标形式审查要点

1. 规划建设方案是否按照要求规划了密码应用。

2. 是否按照要求进行了密码应用安全性评估，且通过评估。

3. 密码应用建设单位是否具有国家密码管理机构授予的商用密码相关许可资质，且资质有效。

4. 使用的是否是国家密码管理机构批准使用的密码产品（包括密码算法、产品型号等）。

第六章

密码应用场景举例（政 务 领 域 ）

例一　政务信息发布类网站（面对屏）

　　这类网站依照政务公开原则，面向社会公众依法发布政务信息，例如：政策法规、重大决策、事项说明等。这类网站的特点是"面对屏"，政府部门发布政务信息，公众浏览阅知政务信息（见图6-1）。

图6-1　政务信息发布类网站

● 密码应用需求

1. 网站安全需求

不被非法假冒、钓鱼网站欺骗等。

2. 信息安全需求

信息内容应当具有防篡改、防伪造、防假冒等功能，保证发布信息内容的真实性、完整性。

3. 信息管理需求

信息的发布应当经过授权发布，未经授权人员不能够在该网站上发布任何信息。

4. 信息发布时间需求

保证信息发布时间的抗抵赖性。

● 密码应用方案

1. 网站保护

应用 SM2 进行安全认证，保障网站登录安全。

2. 信息保护

应用 SM3 进行完整性验证，保证网站内容和每一条信息的真实、完整。

3. 网页保护

应用 SM3 监控网页摘要值，及时发现异常出现。

4. 授权管理

应用 SM2 对网站内容的添加、删除、变更等操作进行授权，记录每次操作并加盖时间戳备查。

例二　政务受理服务类网站（键对屏）

政务受理服务类网站主要面向社会提供"键对屏"的单向申报、递交材料等服务（见图6-2）。例如：征求意见、接收举报、招聘报考等。这类网站服务一般需要实名制，保护涉及的企业商用秘密、公民个人隐私，以及设定的受理截止时间等。

图6-2　政务受理服务类网站

● 密码应用需求

第1、2、3、4项与例一相同（略）

5. 用户身份认证

确认用户的真实身份，防止假冒用户。

6. 用户信息保护

加密保护用户递交（或填报）的商业秘密、个人隐私等敏感信息，防止泄露。

7.抗抵赖性

用户不可以否认递交材料行为以及材料内容。

8.时间戳

有截止要求的，应当依据标准时间裁定是否超过受理截止时间。

● 密码应用方案

第1、2、3、4项与例一相同（略）

5.用户身份认证

用SM2进行身份认证，用户使用私钥对递交材料进行电子签名，办事人员使用公钥验证电子签名。

6.用户敏感信息保护

用SM2（或者SM9）和SM4，对递交材料中的敏感信息进行加密保护。

7.递交材料的完整性保护

用SM2（或者SM9）和SM3，用户验证下载材料的完整性；办事人员验证用户递交材料的完整性。

8.授权使用用户信息

用SM2进行授权，使接触和处理用户信息人员范围最小化。

9.时间戳

如果有截止时间要求，应在提交材料时，加盖时间戳备查。

例三　政务互动服务类网站（键对键）

政务互动服务类网站主要是为面向社会或者政府部门之间提供"键对键"的互动类服务（见图6-3）。例如：网上行政审批、项目招投标、证

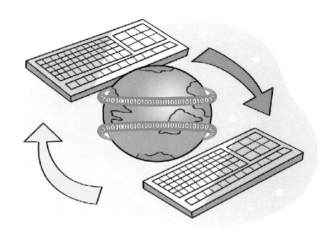

图6-3　政务互动服务类网站

照办理、报关报税等。这类网站不仅需要实名制身份认证、保护企业商业秘密、公民个人隐私信息等，还需要对"键对键"的互动过程进行完整性保护。

● 密码应用需求

第1、2、3、4、5、6、7、8项与例二相同（略）

9.互动过程保护

办事人员与用户之间，或者政府部门之间"键对键"多次往返办理，从开始办理直至办结的完整过程，应当进行完整性保护备查。以便追查，防止人为规避责任。

● 密码应用方案

第1、2、3、4、5、6、7、8、9项与例二相同（略）

10.办理过程保护

用SM2、SM3等，对每次"键对键"办理的进展情况进行电子签名，完整性保护，并加盖时间戳。

后　记

参与《密码知识科普读本》编写的有许振昌、金宏波、杜林森、刘延毓、刘华英、王明光、邢蕊、房建、许东锋、权基洪、孙静、赵丽丽、张忠孝、佟庆强、刘颖、徐启航、郭明光。

许振昌主持本书的编写、审改，召集编委会全体成员讨论审定。金宏波对全书进行了策划，杜林森组织本书的编写，刘延毓、孙静、赵丽丽做了统稿、核改和校正。

责任编辑：张　燕
装帧设计：胡欣欣
责任校对：夏玉婵

图书在版编目（CIP）数据

密码知识科普读本／吉林省密码管理局 编 . —北京：人民出版社，
　2018.12

ISBN 978 − 7 − 01 − 020136 − 8

I. ①密⋯　　II. ①吉⋯　　III. ①密码学 − 普及读物　　IV. ① TN918.1–49

中国版本图书馆 CIP 数据核字（2018）第 274619 号

密码知识科普读本
MIMA ZHISHI KEPU DUBEN

吉林省密码管理局　编

人民出版社 出版发行

（100706　北京市东城区隆福寺街 99 号）

北京尚唐印刷包装有限公司印刷　新华书店经销

2018 年 12 月第 1 版　2018 年 12 月北京第 1 次印刷
开本：710 毫米 ×1000 毫米 1/16　印张：4.5
字数：60 千字

ISBN 978 − 7 − 01 − 020136 − 8　定价：36.00 元

邮购地址 100706　北京市东城区隆福寺街 99 号
人民东方图书销售中心　电话（010）65250042　65289539

版权所有・侵权必究
凡购买本社图书，如有印制质量问题，我社负责调换。
服务电话：(010) 65250042